JN051845

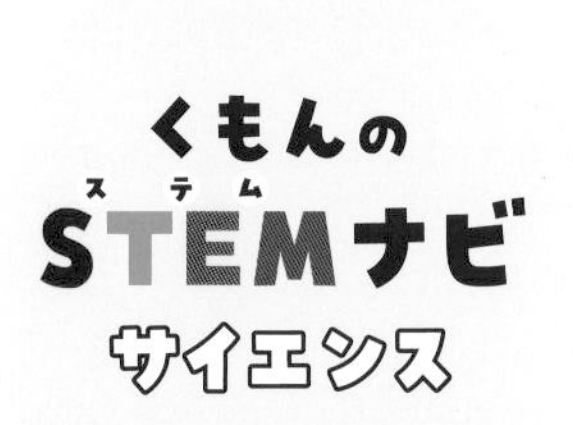

エレキが伝える

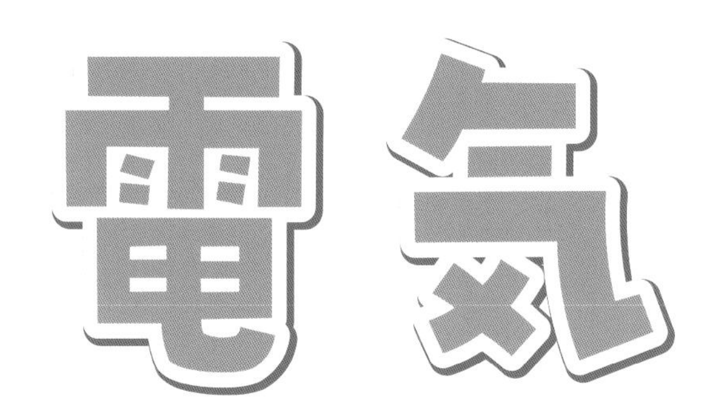

のふしぎ

作 ジョセフ・ミッドサン
絵 サミュエル・ヒーティー
訳 羽村太雅
（柏の葉サイエンスエデュケーションラボ）

Building Blocks of Science
Electricity

くもん出版

もくじ

STEMナビゲーターズ サイエンスチーム

アイザック

運動のアクセルとチームを組む、力のナビゲーター。重力のグレープや磁力のスピンの兄貴分。力がものを動かすしくみを整理し、力の単位にもなったイギリスの物理学者アイザック・ニュートンの名が由来。

アクセル

力のアイザックに動かしてもらっている運動のナビゲーター。放っておくと、同じ方向に同じ速さで動きつづけるか、止まったままだ。動く速さや方向を変えることを意味する「加速」の英語が名前の由来。

エナジ

身のまわりにひそむエネルギーのナビゲーター。ヒカリン、エレキ、ヘルツ、フレアに変身できる。「ジュール」という単位の由来である、物理学者ジュールの出身地イギリスでは、エネルギーを「エナジ」という。

エレキ

エナジが変身した電気の姿のナビゲーター。生活に必要な機器を動かしてくれる働きもので、じつは身のまわりにあふれている。スピンの力を借りて電気がつくられ、運ばれ、使われるようすを解説してくれる。

グレープ

宇宙でもっとも目立つ力である重力のナビゲーター。天文学の世界で、数多くの天体のあいだに働き地球や星ぼしをつくりだした重力の計算だけをおこなう専用のスーパーコンピューターにちなんで名づけられた。

スピン

電気のエレキとなかよしで、手を組んで人間を助けてくれる磁力のナビゲーター。磁石を細かくくだくと、小さな小さな粒が同じ方向にスピン（回転）していて、磁石の性質をつくっている。それが名前の由来。

ヒカリン

光で世界を明るく照らすナビゲーター。ヘルツとともに波の性質をもち、人間の視覚に直接働きかける。いっぽうで粒のような性質ももつ、妖精のようなふしぎな存在。光の性質や目の働きなどを紹介してくれる。

フレア

エナジが燃えさかる炎の妖精に変身した姿のナビゲーター。熱を生み、伝え、物質を変身させるフレアが元気かどうかを、人間は温度計を使って確認している。いなくなると、なにものも動けなくなる。

ヘルツ

物質を伝わる波の性質と動物による使いかたを聞かせてくれる音のナビゲーター。エナジが変身した姿。１秒間に振動する回数を表す周波数（音の高さ）の単位「ヘルツ」は、ドイツの物理学者 ハインリヒ・ヘルツが由来。

マット

物質の性質と変化のしかたを紹介してくれるナビゲーター。世界中のあらゆるものをつくっている「物質」を表す英語「Matter」から名づけられた。さまざまな姿でわたしたちの身のまわりにかくれている。

電気ってなに？

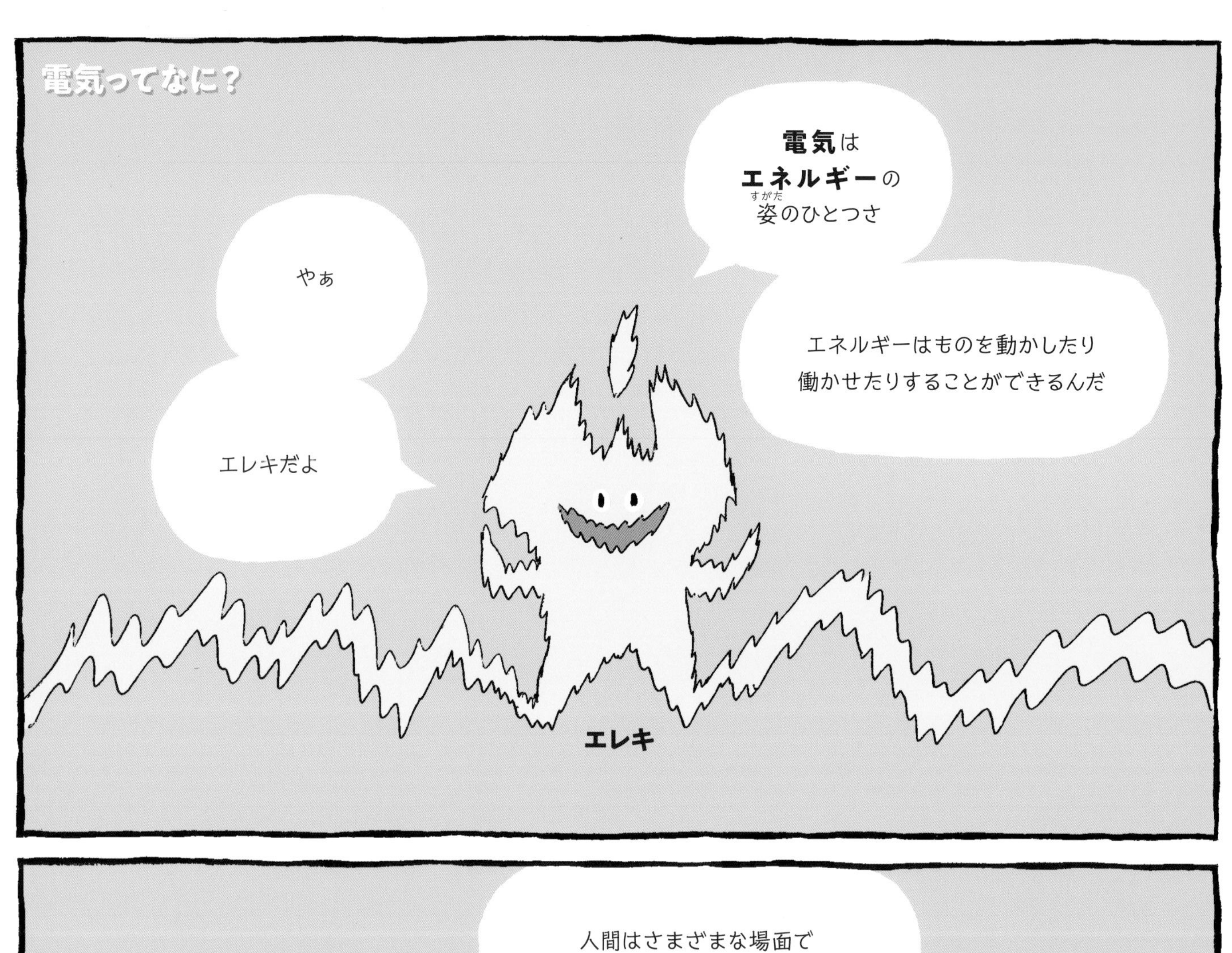
やぁ
エレキだよ
電気はエネルギーの姿のひとつさ
エネルギーはものを動かしたり働かせたりすることができるんだ
エレキ

人間はさまざまな場面で電気を使っているよね

あかりを
つけたり…

電化製品を
働かせたり…
8:01

車や機械を動かしたりしてる

じつは人間の体を動かすのにも
電気が使われているんだ！

でも、電気に近づきすぎて
感電しないように気をつけてね！

自然の中にも
電気はあるんだ
たとえば、あらしの夜に
見たことがあるかもしれない

そう、
雷は電気なんだよ！
じつは
すべての物質には
電気がふくまれているんだ
CRACKA-BOOM
ピカッ
ドーン

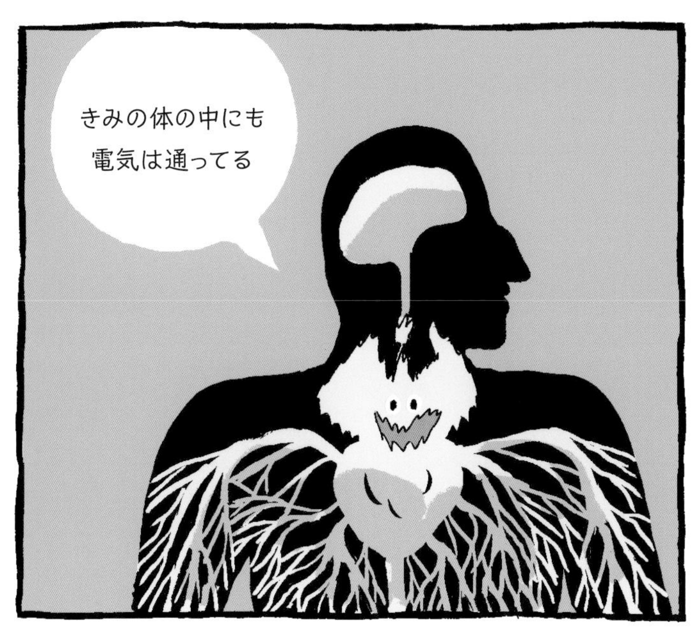
きみの体の中にも
電気は通ってる

動いたり考えたりできるのは
電気が通ったからなんだよ

体と脳のあいだでは
電気信号を使って情報をやりとりしているんだ

目が見たことや、耳が聞いたことは
電気信号で脳に伝えられている

指が
感じたことも
同じさ

心臓だって、電気信号のおかげで
規則正しく動けているんだ
ドックン
ドックン
ドックン
ドックン

すべては充電ずみ
すべての物質は、原子という
小さな粒でできている。
そして原子はさらに小さな粒の集まりだ
原子
ATOM

原子核
陽子
中性子
物質は電気を帯びていることがある。
もっている電気の量を電荷というんだ
原子の中心にある原子核は
プラスの電荷をもった陽子と
電荷がゼロの 中性子でできている

電子はマイナスの電荷をもっていて、
原子核のまわりをまわっているよ
電子

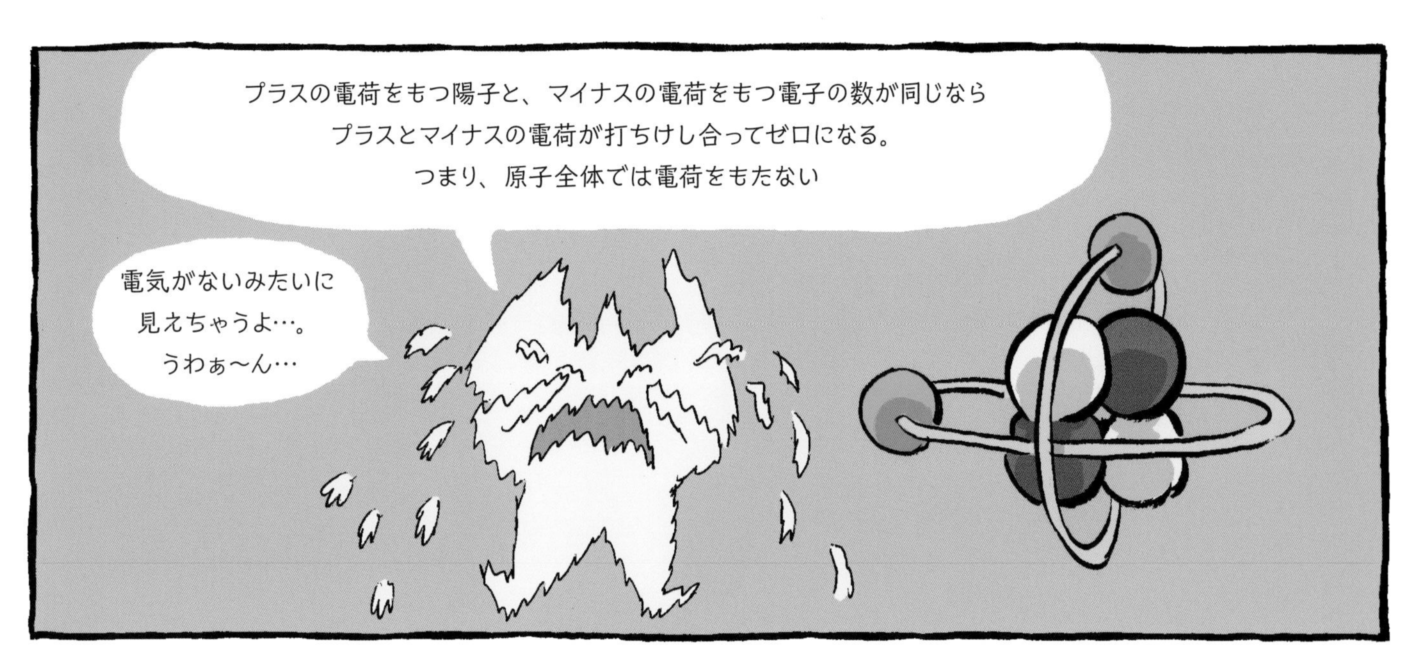
プラスの電荷をもつ陽子と、マイナスの電荷をもつ電子の数が同じなら
プラスとマイナスの電荷が打ちけし合ってゼロになる。
つまり、原子全体では電荷をもたない
電気がないみたいに
見えちゃうよ…。
うわぁ〜ん…

でも、原子は電子をつかまえたり
手放したりすることがある

電子の数が変わると、原子は電気を帯びるよ。
この状態(じょうたい)を**帯電**(たいでん)してるっていうんだ

電子のこの動きこそ
みんなが電気ってよんでいる
ものの正体さ!!

静電気
電子がたまると静電気がうまれる。
静電気を感じたこと、あるんじゃないかな？

カーペットに足をこすりつけてから
ドアノブにさわってみようか
ゴシ
ゴシ
ゴシ

痛っ!!
感電したね
指とドアノブのあいだが
光ったのも見えたかな？
バチッ

カーペットに足をこすりつけたから
電子がカーペットからきみの体にとび移ったんだ

だから
きみの体は電子が
多すぎる 状 態になった
つまり
マイナスに
帯電したってことだ

ドアノブにさわると、きみの体の電子が
手を通ってドアノブに移動する

きみは、この電子の動きを感じたんだ。
電気ショックって、こんな感じさ

マイナスの電荷をもつ電子は
マイナスに帯電したところから
はなれたがる
だから、体から
ドアノブに移ろうとしたんだ

電流
静電気があるだけだと
機械を動かすことはできないんだ

電子がいっきに
放出されちゃうからね
ポーン

電気をもっと便利に使うためには
電流をつくらなきゃならない
ELECTRIC
CURRENT
電流

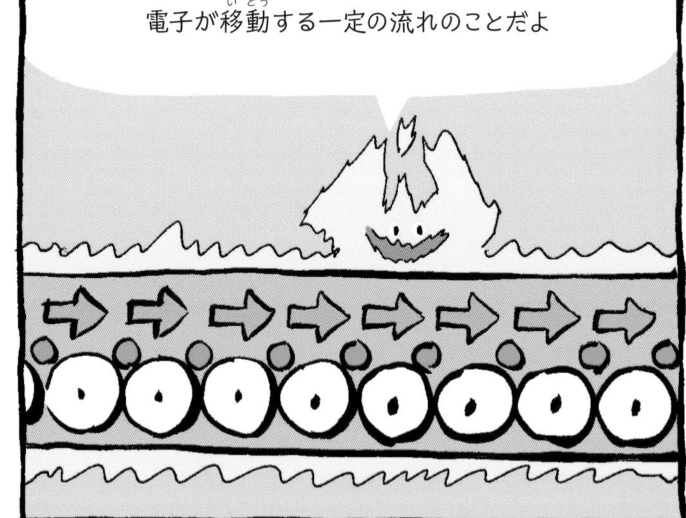
電流っていうのは、ある原子からべつの原子へ
電子が移動する一定の流れのことだよ

エネルギーとして使われる電流は
回路とよばれる通りみちをまわっているよ

回路は、レースで自動車が
ぐるぐるまわる周回コースみたいなものだよ
電子はコースをかけぬける
車にあたるんだ
ブーン

エネルギー源（電源や電池）、電流を使って動くもの（抵抗）、
そしてそれらをつなぐ導線の3つは
どんなに単純な回路にもある重要なものだ
回路

このロボットは
エネルギー源として**電池**を使ってる

エネルギーは、電池の中の化学物質に
たくわえられているんだ
電池

電池のエネルギーが
電子を回路に押しだし電流をつくる
電子
電池

電子が流れると
ロボットが動きだす!!

回路とスイッチ

回路を閉じないと
電球は光らない
電流が完全に
一周できるようにするんだ
回路が開いていると
電気は流れない
ループ

あかりを
消したいときには、
スイッチを
使えばいい

スイッチのオンとオフで
回路を開け閉めすると、
電流をコントロールできるんだ
開
スイッチ

スイッチをオンにすると
接点がつながる
閉
スイッチ

つまり、 回路が閉じて
あかりがつく!

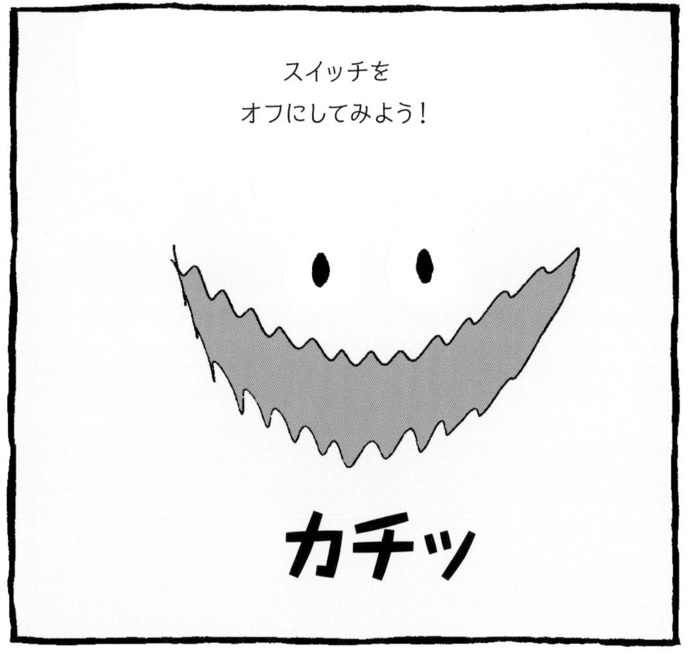
スイッチを
オフにしてみよう！
カチッ

回路が開く！

すると、
あかりは消えるよ！

電導体と絶縁体

回路の導線には
電子が流れやすい素材が
使われている

電導体とも
よばれるよ

金属はたいてい
電子が流れやすくて
よい電導体だ

だから、ほとんどの電線は銅や
アルミニウムなどの金属でできているよ

電子が流れない素材もある

絶縁体というんだ

木材、プラスチック、ゴムなんかが
よい絶縁体だよ

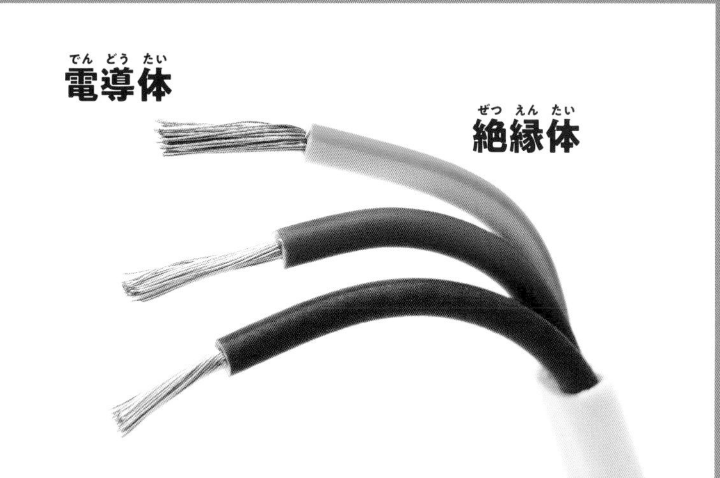

電線はゴムやプラスチックで
おおわれてることが多いよね

電流を電線の中にとどめて
感電を防いでいるんだ

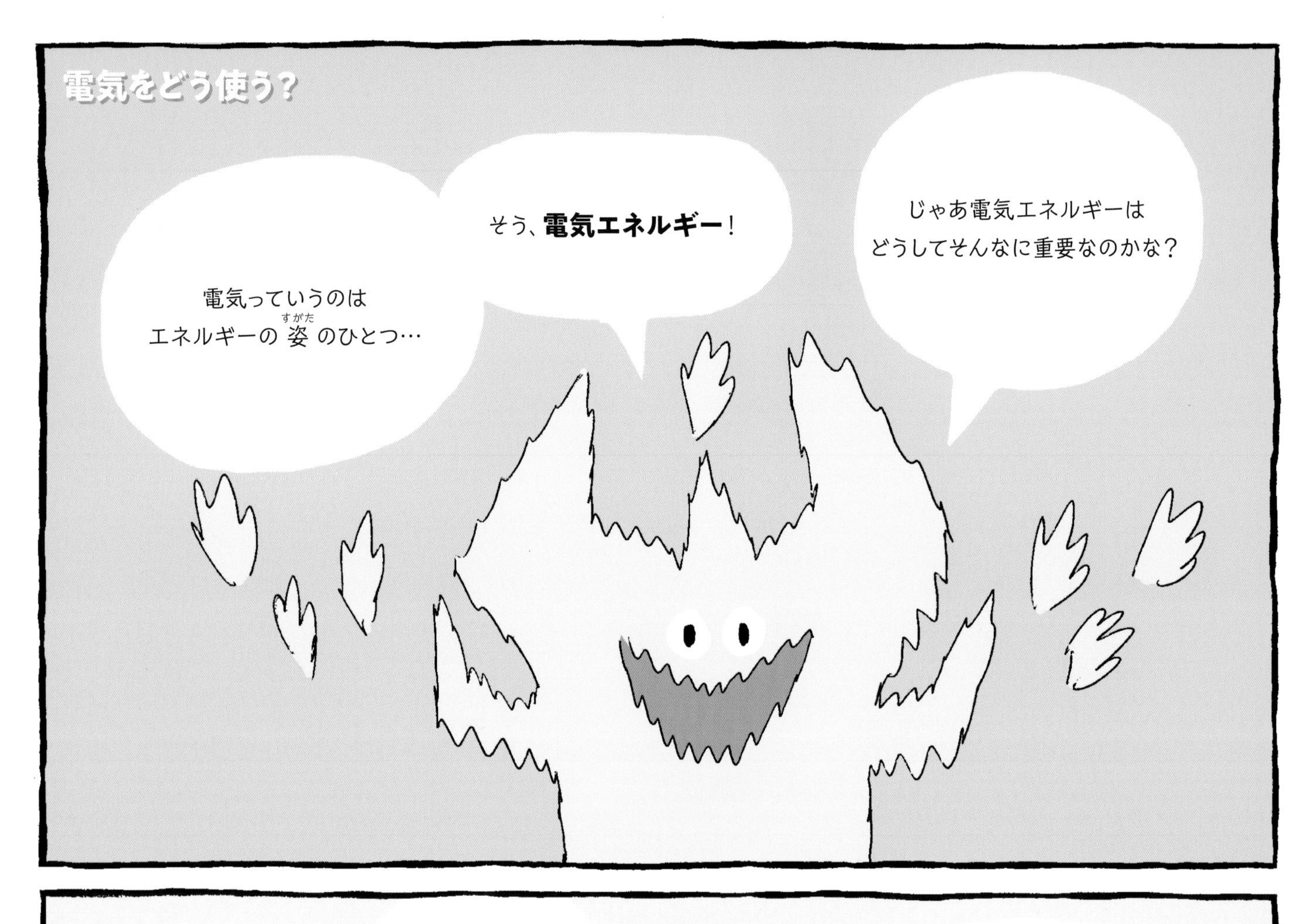
電気をどう使う？
電気っていうのは エネルギーの姿のひとつ…
そう、**電気エネルギー**！
じゃあ電気エネルギーは どうしてそんなに重要なのかな？

それは エネルギーをほかの いろんな姿に変えるのに 便利だからだよ
身のまわりの あかりを見てごらん
電気エネルギーを **光のエネルギー**に 変えたんだ！

このラジオはね、
電気エネルギーを
音のエネルギーに
変えているんだ

室内をあたためたり
料理をしたりするのにも
電気エネルギーは使われている

機械はモーターで電気エネルギーを、
とくに**運動エネルギー**に変えているんだ

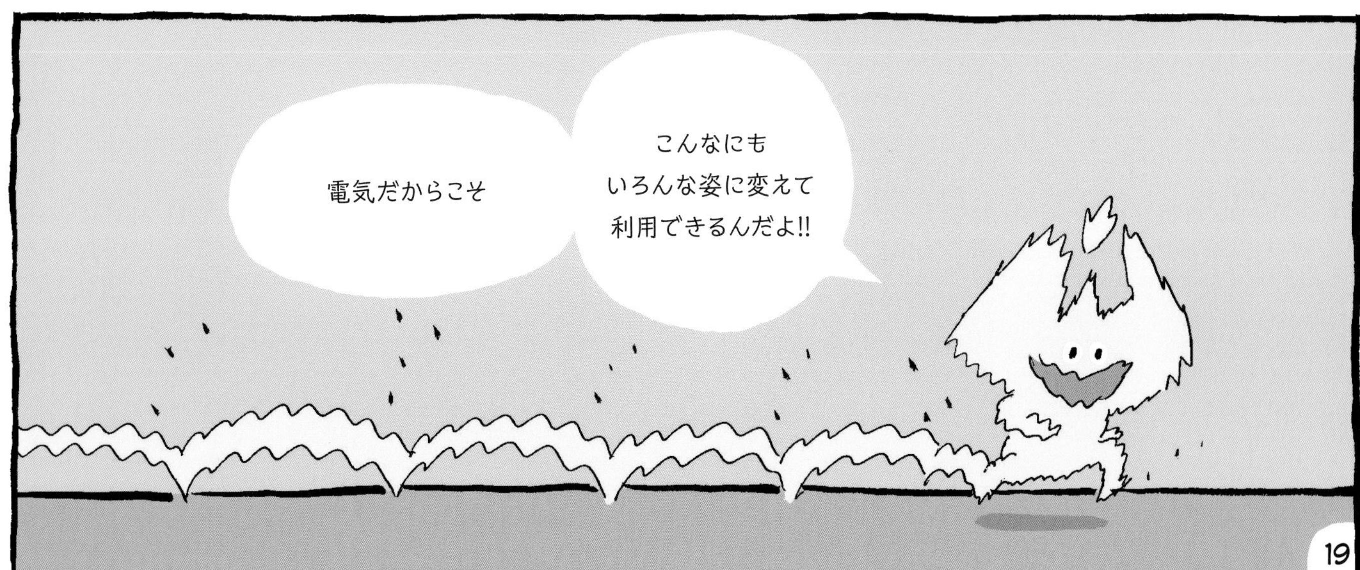
電気だからこそ
こんなにも
いろんな姿に変えて
利用できるんだよ!!

発電

みんなは毎日
たくさんの電気を使うよね

その電気は
どこからきているのかな？

それは
発電所だ！

発電所では発電機を使って
なにかが動くエネルギーを
電気エネルギーに変えるんだ

羽根がついた**タービン**が動くと
巨大な発電機も動いて
電気をつくるのさ

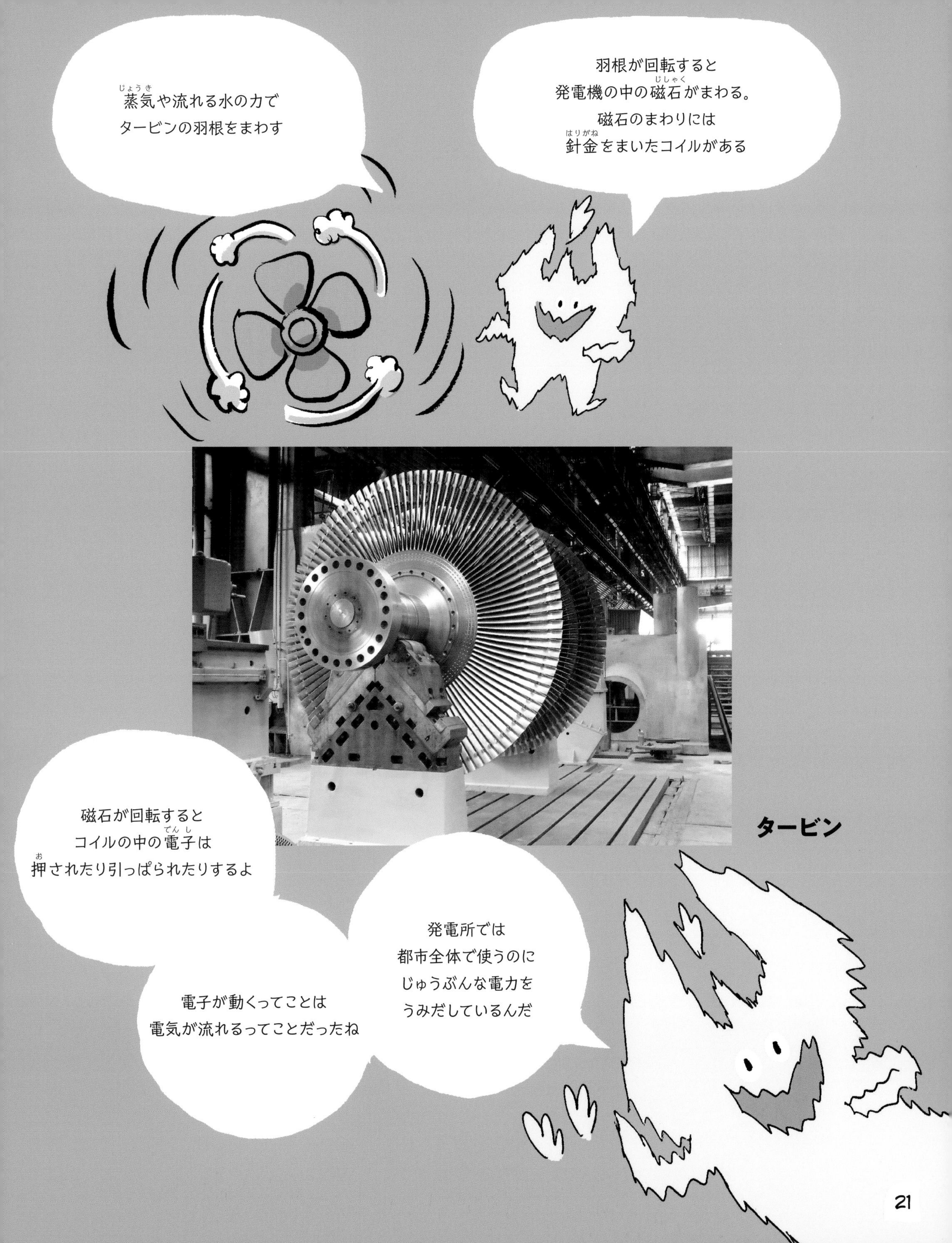
蒸気(じょうき)や流れる水の力で
タービンの羽根をまわす
羽根が回転すると
発電機の中の磁石(じしゃく)がまわる。
磁石のまわりには
針金(はりがね)をまいたコイルがある
磁石が回転すると
コイルの中の電子(でんし)は
押(お)されたり引っぱられたりするよ
タービン
電子が動くってことは
電気が流れるってことだったね
発電所では
都市全体で使うのに
じゅうぶんな電力を
うみだしているんだ

電流は送電網へ送られる
送電網は電線でつくられた巨大な回路さ
たくさんの電線がはられていてきみたちの家にも電気を届けるんだ
送電網と家のあいだはプラスチックの絶縁体でおおわれた銅製の電線でつながっているよ

電線は壁の中を通って
家の中までのびている

壁のコンセントに
コードを差しこむと、
送電網から電気を
取りだすことができる
やった！
これで回路の完成だ

電力の発明
1800年代になると電気の研究が進み
電気の使いかたが少しずつわかってきたよ
とはいえ
いまから100年ちょっと前には
まだほとんどの家庭で
電気が使えなかったんだ

発明家や科学者はしだいに
大量の電気エネルギーを
つくりだす方法を見つけたんだ
そして
電気エネルギーを使って
光や熱をつくる方法も
発見したんだよ

これが、電化製品や電子機器の発明に
つながっていったんだ

いろんな装置のおかげで
たとえば遠く離れていても話ができるようになった
もしもし？
ガチャッ

情報をすばやく送受信できる
機械も発明された
カタ
カタ
カタッ

時がたつにつれて
必要とされる電気の量は
増えているんだ

いまでは、電気がないくらしなんて
想像もできないよね!!
でも、エネルギーを使うってことが
悪い影響をうみだしちゃうこともあるんだ…

電力の源
電力は発電所でつくられている。
ほとんどの発電所では
化石燃料を燃やしているんだ
化石燃料は数百万年以上も昔に
死んだ生き物たちの体からできたんだよ

地下にねむる燃料が
つきてしまうんじゃないかって
心配している人もたくさんいるんだ
そのうえ
化石燃料を燃やすと
地球がダメージを負ってしまう

だから科学者たちは
ほかのエネルギー源から
電気をつくる方法を探しているんだ

たとえばダムは
ためた水が流れでる運動のエネルギーを
使って発電している
*放水でタービンをまわすわけではない

風が風車の羽根をまわせば
タービンが回転して電気がつくれる

太陽光発電パネルは
太陽からきた光のエネルギーを吸収して、
電気に
変えているんだ！

消費電力を減らす

いま、地球上にはかつてないほど
たくさんの人がいる
そして、電気が必要なものも
増えているから、
電力の需要は
増えつづけているんだ

だから、電力を
節約することが
大事なんだよ
たとえば
あかりをつけるかわりに
カーテンを開けよう！
サッ

テレビをつけっぱなしにしておく必要もないよね。
こまめに消してみよう

まわりを
見てごらん

電力を節約する方法は
いくらでもある！

それに
きみたちならきっと、
もっとよい電気のつくりかたや
使いかたを見つけだしてくれるはず
楽しみにしてるよ！

さくいん

スタッフ紹介

［翻訳］

柏の葉サイエンスエデュケーションラボ（KSEL）
東京大学の大学院生らが中心となって2010年６月に設立した科学コミュニケーション団体。『科学コミュニケーション活動を通じた地域交流の活性化』を掲げて活動している。大学院生をはじめとする若手の研究者が自身の専門分野を実験や工作などを交えて紹介する『研究者に会いに行こう！』や、自然体験活動を通じて理科に親しむ小中学生向けスタディツアー『理科の修学旅行』、空きアパートをDIYで改修した『手作り科学館 Exedra』などを運営している。東京大学大学院新領域創成科学研究科長賞、日本都市計画家協会 優秀まちづくり賞、トム・ソーヤースクール企画コンテスト 優秀賞、他多数受賞

羽村太雅（はむら・たいが）
慶應義塾大学理工学部物理学科を卒業後、東京大学大学院新領域創成科学研究科で惑星科学を専攻。隕石の衝突を模した実験を通じて生命の起源を探求した。研究の傍らKSELを設立し活動を牽引。国立天文台広報普及員を経て、現在は江戸川大学や昭和薬科大学で非常勤講師も務める。メディア出演・掲載多数。同研究科長賞、千葉県知事賞（ちば起業家 優秀賞）、他多数受賞

宮本千尋（みやもと・ちひろ）
博士（理学）。広島大学理学部地球惑星システム学科を卒業後、東京大学大学院理学系研究科で地球化学を専攻。大気中の微粒子（エアロゾル）を採取して成分を分析し、気候への影響を考察した。現在はKSEL副会長、手作り科学館 Exedra 副館長。江戸川大学で非常勤講師も兼務

［翻訳協力］

菅原悠馬（すがはら・ゆうま）
博士（理学）。京都大学理学部理学科を卒業後、東京大学大学院理学系研究科で観測銀河天文学を専攻。大きな望遠鏡の観測データを解析して、遠くの銀河のはじまりと進化の仕組みを調べている。東京大学宇宙線研究所で研究していた大学院生時代にKSELに参加。現在は国立天文台特任研究員アルマプロジェクトおよび早稲田大学理工学術院総合研究所次席研究員（研究院講師）

長澤俊作（ながさわ・しゅんさく）
千葉大学理学部物理学科を卒業後、東京大学大学院理学系研究科で高エネルギー宇宙物理学を専攻。太陽観測ロケット実験に携わり、カブリ数物連携宇宙研究機構でX線撮像分光装置の開発を進めている博士課程の大学院生。同研究科研究奨励賞を受賞

研究現場をのぞいてみよう

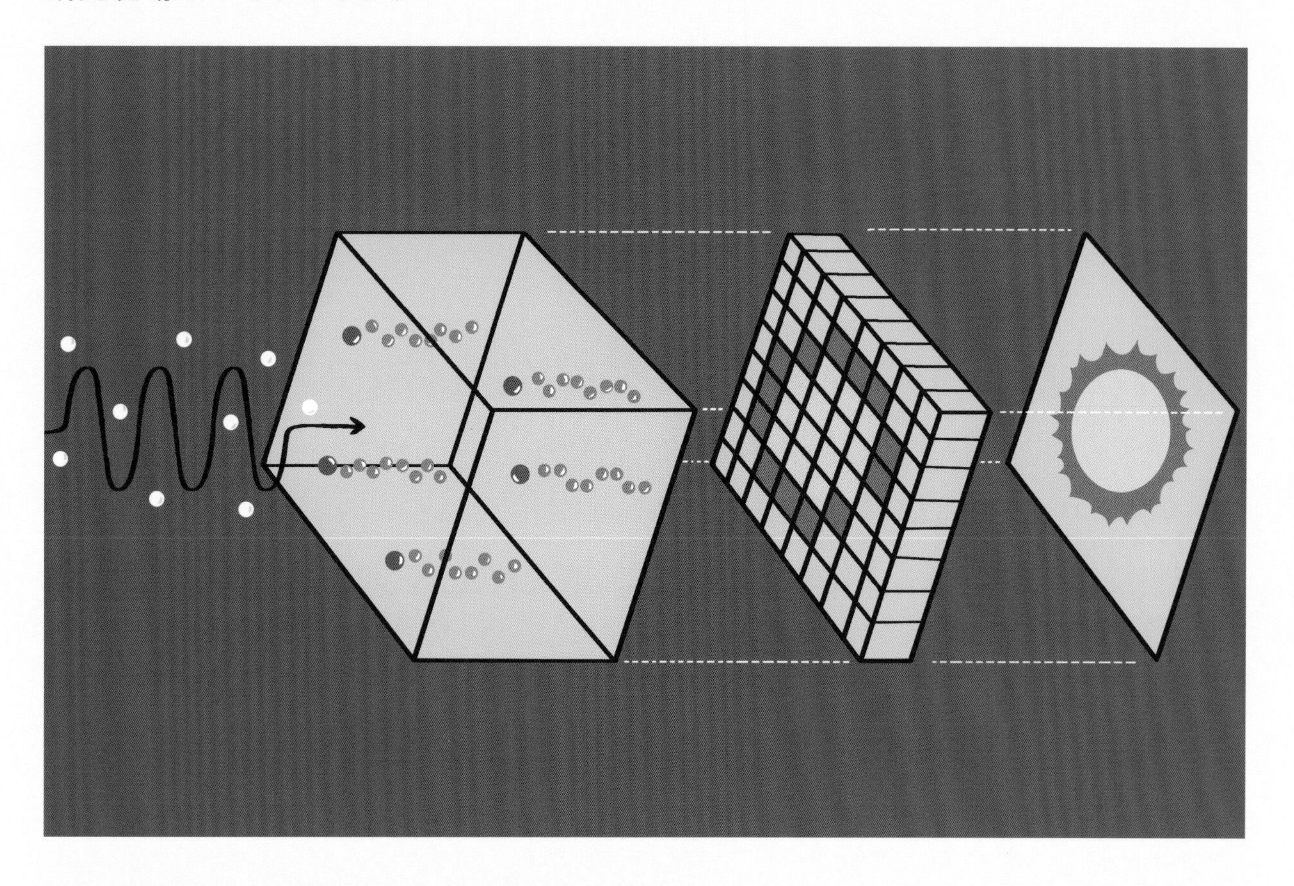

光の情報を写真へ伝える電気信号

冷蔵庫、テレビ、携帯電話など、身のまわりのさまざまなものを動かすエネルギーとして必要不可欠な電気は、信号として情報を伝えるうえでも大きな役割を担っています。たとえば、わたしたちの目に入ってきた光の色や位置の情報は、網膜にある視細胞によって電気信号に変換され、神経を通じて脳に伝わることで、ものを見ることができます。デジタルカメラも、レンズを通って入った光をCCDとよばれるセンサーに集め、光の強さに応じた電気信号に変えて写真を記録しています。そしてこのしくみは、宇宙を見るときにも使われています。

太陽の表面ではあちこちで、フレアとよばれる大規模な爆発が起きています。そのしくみを解明するうえで、フレアから放出されるX線を撮影することが重要です。しかしX線は人間の目には見えず、ふつうのカメラにはうつりません。そこで、わたしはCdTe（テルル化カドミウム）という半導体を使ったX線検出器を開発しています。フレアから放出されたX線は、X線を反射する特別な鏡を使ってCdTeに集められます。X線がCdTeとぶつかると、負の電荷をもつ電子と、正の電荷をもつホールがつくられます。このとき、つくられる電子とホールの数がX線のエネルギー、つくられた場所がX線の位置に対応します。この電子とホールをセンサーに集め、電気信号として読みだすことでフレアのようすを撮影することができるのです。　（長澤俊作・翻訳協力者）

［コラムイラスト］ヤギワタル
［デザイン］大悟法淳一、秋本奈美
（ごぼうデザイン事務所）

［モニター］
茨木日南子さん、小貫美奈さん、
杉山珠桜里さん、砂堀実玖さん、松田海さん
原稿の難易度や読みやすさなどについて、対象年齢の子どもたちを代表して意見や感想を寄せていただいた中学1～3年生（当時）のみなさんに感謝申しあげます。

［ご注意］
「くもんのSTEMナビシリーズ サイエンス」に登場するナビゲーターたちは、高いビルの上から大きなものを投げたり、火で遊んだり、自転車のハンドルに乗ったり、ほかにも危険な行動をたくさんしています。実際にはとても危ないので、みなさんは絶対にまねしないでください。

くもんの
STEMナビ
サイエンス
全10巻

エナジが紹介 エネルギーの仲間たち
ヒカリンと見る 光の世界
マットと調べる 物質の性質
グレープと探す 重力の働き
スピンがさそう 磁力の魅力
ヘルツが語る 音の波
マットがしめす 物質の変化
フレアが見せる 熱のめぐみ
エレキが伝える 電気のふしぎ
アイザック&アクセルが話す 機械と働き

［著者］
ジョセフ・ミッドサン（Joseph Midthun）
出版社La Luz Comicsの編集長。パーピック・アート教育センターとコロンビア・カレッジ・シカゴで芸術などを学ぶ。ミネソタ州中心部の小さな鉱山の町で生まれ、現在はミネソタ州セントポールに在住。

［画家］
サミュエル・ヒーティー（Samuel Hiti）
独学のコミック作家、イラストレーター。社長をつとめる出版社La Luz Comicsからも数かずの作品を出版している。ミネソタ州ミネアポリス在住。妻と2人の子ども、小さな犬と暮らしている。とても背が高いが、座高は平均的である。

くもんのSTEMナビ サイエンス
エレキが伝える 電気のふしぎ

2021年8月30日　初版第1刷発行

作　ジョセフ・ミッドサン
絵　サミュエル・ヒーティー
訳　羽村太雅（柏の葉サイエンスエデュケーションラボ）
発行者　志村直人
発行所　株式会社くもん出版
〒108-8617　東京都港区高輪4-10-18 京急第1ビル13F
電話　03-6836-0301（代表）
03-6836-0317（編集直通）
03-6836-0305（営業直通）
ホームページアドレス　https://www.kumonshuppan.com/
印刷所　大日本印刷株式会社

NDC420・くもん出版・32P・27cm・2021年・ISBN978-4-7743-3244-4

CD56245

わかりやすくておもしろい！

STEMナビゲーターズといっしょに、サイエンス、プログラミングの世界へ

くもんのSTEMナビ サイエンス 全10巻

作 ジョセフ・ミッドサン
絵 サミュエル・ヒーティー
訳 羽村太雅、宮本千尋
（柏の葉サイエンスエデュケーションラボ）

- エナジが紹介 **エネルギー**の仲間たち
- ヒカリンと見る **光**の世界
- マットと調べる **物質**の性質
- グレープと探す **重力**の働き
- スピンがさそう **磁力**の魅力
- ヘルツが語る **音**の波
- マットがしめす **物質**の変化
- フレアが見せる **熱**のめぐみ
- エレキが伝える **電気**のふしぎ
- アイザック&アクセルが話す **機械**と働き

くもんのSTEMナビ プログラミング 全8巻

作 エコー・エリース・ゴンザレス
絵 グラハム・ロス
訳 山崎正浩
監修 石戸奈々子

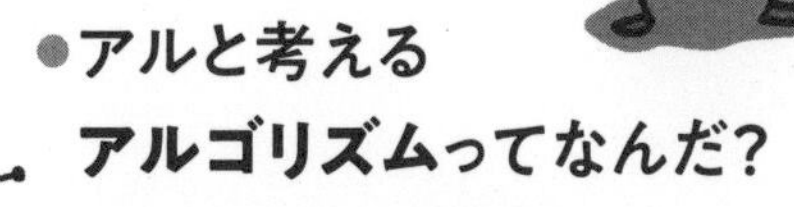

- アルと考える **アルゴリズム**ってなんだ？
- ゼロとワンが紹介 **プログラミング言語**のいろいろ
- バグと挑戦 **デバッグ**の方法
- アンドとオアが伝える **論理演算**の使いかた
- フローが見せる **制御フロー**のはたらき
- スタックが語る **データ構造**の大切さ
- チップが案内 **ハードウェア**の役割
- ウェブと調べる **インターネット**のなりたち